科创少年来了

像天文学家一样思考

[英]伊兹·克拉克/著　[英]詹姆斯·兰塞特/绘　赵彦/译

浙江教育出版社·杭州

图书在版编目(CIP)数据

像天文学家一样思考 / (英)伊兹·克拉克著；
(英)詹姆斯·兰塞特绘；赵彦译. -- 杭州：浙江教育
出版社，2024.5（2024.10重印）
（科创少年来了）
ISBN 978-7-5722-7752-8

Ⅰ. ①像… Ⅱ. ①伊… ②詹… ③赵… Ⅲ. ①天文学
—少儿读物 Ⅳ. ①P1-49

中国国家版本馆CIP数据核字(2024)第097119号

浙江省版权局著作权合同登记号：图字11—2024—092号

Everyday STEM Science - Space
First published 2023 by Macmillan Children's Books an imprint of Pan Macmillan
Text and illustrations © Macmillan International Publishers Ltd

科创少年来了
KECHUANG SHAONIAN LAILE

[英]希尼·索玛拉　等/著　[波]露娜·瓦伦丁　等/绘
罗会仟　等/译

责任编辑　赵清刚
美术编辑　韩　波
责任校对　马立改
责任印务　时小娟
文字编辑　程少君
封面设计　郝欣欣
版式设计　曹晰婷
出版发行　浙江教育出版社
　　　　　地址：杭州市环城北路177号
　　　　　邮编：310005
　　　　　电话：0571-88900883
　　　　　邮箱：dywh@xdf.cn
印　　刷　北京宝隆世纪印刷有限公司
开　　本　889mm×1194mm　1/12
成品尺寸　230mm×270mm
印　　张　32
字　　数　397 000
版　　次　2024年5月第1版
印　　次　2024年10月第3次印刷
标准书号　ISBN 978-7-5722-7752-8
定　　价　220.00元（全8册）

目 录

动动手吧！

什么是空间？

空间除了是物质的一种存在形式之外，还可以指太空，即我们星球大气层以外的广袤的宇宙空间。它是真空的，这意味着太空里没有可以传播声音或散射光线的空气。不过，太空里有很多神奇的事物：旋转的星系、耀眼的恒星、从尘埃和气体云中诞生的行星、令人费解的超大质量黑洞，以及把一切都维系在一起的无形力量。

地球

地球是我们的家园，是太阳系的第五大行星。地球海平面 100 千米以上就属于太空的领地了。

太阳系

在太阳系内，有 8 颗行星围绕着我们的恒星——太阳旋转。海王星是最外层的行星，与太阳的平均距离约为 45 亿千米。

银河系

银河系是棒旋星系，呈椭圆盘形，含有 1000 亿～4000 亿颗恒星。太阳系就位于银河系的猎户座旋臂上。

暗能量和暗物质

尽管我们还不清楚绝大部分宇宙的构成，但研究显示，宇宙中的确存在影响星系和恒星运动的不可见物质。这有点像你看不到风，但可以看到树叶在风中摇摆一样。天文学家的观测显示，宇宙在加速膨胀。这意味着宇宙中存在一种斥力，科学家们将提供斥力的东西称为"暗能量"。此外，宇宙中还有一种提供引力的物质，被称为"暗物质"，是它将星系聚集在了一起。

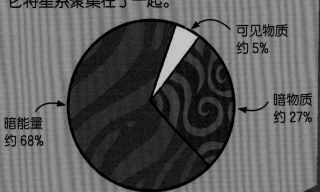

可见物质
约 5%

暗物质
约 27%

暗能量
约 68%

宇宙

宇宙是包含所有星系、恒星、行星、尘埃和其他物质的空间，它大约有 137 亿年的历史。通过观测宇宙背景辐射，我们可以看到宇宙大爆炸的"回声"。

超星系团

超星系团是已被证实的宇宙中最大的结构，其质量为 $10^{15} \sim 10^{17}$ 太阳质量。每个超星系团都包含若干个星系团，可跨越上亿光年的距离。

恒星与星系

科学家们通常根据恒星的大小、温度和光谱对它们进行分类。太阳虽然是太阳系中最大的天体，但与其他恒星相比并不大。与人类一样，恒星也会经历诞生、衰老和死亡。

星云： 这些由气体和尘埃组成的巨大云团会因为引力而坍缩。气体和尘埃在坍缩过程中受到巨大的压力，最终形成新的恒星。

红矮星： 它们是银河系中最常见的恒星，体积比我们的太阳（黄矮星）小，温度更低。红矮星十分暗淡，如果不借助望远镜，我们根本无法看到它们。

超新星： 超巨星会经历剧烈的爆发，这个状态被称为"超新星"。

超巨星： 它们是宇宙中最亮且质量最大的恒星。当大恒星进入生命末期的时候，就产生了超巨星。

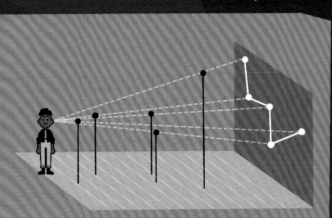

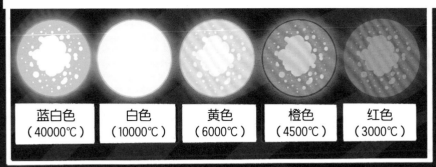

蓝白色 （40000℃）	白色 （10000℃）	黄色 （6000℃）	橙色 （4500℃）	红色 （3000℃）

星座

我们可以将星座看成恒星在夜空中的投影所形成的图案。同一星座中的恒星看似彼此相邻，但实际上可能相隔数百万光年。

脉冲星：这些恒星以一定的速度旋转，周期性地发出一束束电磁波，就像宇宙中的灯塔一样。

星系

宇宙中的星系形状、大小各异。按照形态，星系可以分为旋涡星系、椭圆星系和不规则星系三大类。天文学家利用地面望远镜和空间望远镜来更好地了解星系。

星系晕
包围旋涡星系的一个球形区域，其中稀疏地散布着恒星、球状星团和尘埃。

旋臂
制造恒星的"工厂"，是年轻的星团"居住"的地方。

星系核
这个区域聚集着一群较老的恒星，可能还有一个超大质量的黑洞。

旋涡星系：这类星系形似旋涡，中心有螺线形带状旋臂伸出。

椭圆星系：这类星系是椭圆形的。它们含有极少量的气体和尘埃，无法形成新的恒星，因此是老恒星的家园。

不规则星系：有些星系没有明确的外形，里面的恒星和气体是散乱分布的。这样的星系中同时存在"年迈"的和"年轻"的恒星，并且它们的大小和亮度迥异。

来自星星的我们

可以说，我们所知的一切物质几乎都曾是星星的一部分。恒星的一生会不断燃烧自己，一旦燃料耗尽，恒星就会在壮观的爆炸中走向灭亡，将组成它的一切抛向宇宙的每个角落。这些元素形成了新一代的恒星，组成了新的世界，经过漫长的岁月之后，甚至组成了我们！

大爆炸

宇宙诞生于 137 亿年前的一次"大爆炸"。这次爆炸创造了重要的氢和氦，以及少量的锂元素。

恒星

宇宙大爆炸后的第一批恒星超级大！它们以氢和氦为燃料，创造出了稍重一点的新元素。

超新星爆发

一旦燃料用尽，恒星就开始走向死亡。质量巨大的恒星可能发生剧烈的爆炸，也就是超新星爆发。在爆发中，较重的元素被释放到太空中，等待着变成下一代的恒星。

光的色散

复色光可以被分解成不同频率、不同颜色的单色光。光穿过棱镜或者水滴后形成的彩虹，就是色散的体现。

氢

地外生命存在吗？

天体生物学家一直在寻找地外星球上生命存在的迹象，包括适宜的温度、液态水和氧气。2015 年，美国国家航空航天局（NASA）的"卡西尼"号探测器，在土星的一颗名为"恩克拉多斯"的卫星上发现了巨大的冰喷泉和冰壳下的液态海洋。

每种元素都以其独特的方式与光互动。科学家通过研究来自遥远星系、行星或尘埃云的光谱模式，并将其与已知元素的光谱进行比较，就可以推断出这些天体的构成。

人体元素组成

- 氧 65%
- 钾 0.4%
- 硫 0.2%
- 钠 0.2%
- 氯 0.2%
- 磷 1%
- 钙 2%
- 氮 3%
- 氢 9.5%
- 碳 18.5%

重复

这个过程周而复始，期间不断有更重的元素诞生。这些元素散布在整个宇宙中，它们来到地球上，进入了人体中。

你

美国天文学家卡尔·萨根说："我们都是星尘。"他的意思是，组成人体的所有元素几乎都来自恒星。

引力

引力在整个太空和我们的日常生活中无处不在，所以我们又叫它"万有引力"，它可以简单理解为两个物体之间的一种"拉力"。正是由于引力的存在，我们才不会在跳跃时飘向太空，月球才会绕着地球运行，地球才会绕着太阳运行。而引力的大小取决于两物体的质量和距离，物体质量越大，引力就越大；物体距离越远，引力就越小。事实上，你对地球的引力与它对你的引力大小是一样的。只不过，地球比你的"块头"要大得多，因此你的引力对它的影响微乎其微。

掉落的苹果

据说，英国科学家艾萨克·牛顿看到一个苹果从树上掉下来，然后意识到下落的物体一定是受到了某种力量的影响，否则它们就会保持静止。而这种力量就是引力。

质量和重量

你的**质量**以千克为单位，并且总是保持不变。然而，你的**重量**却会随着你在宇宙中的位置而改变，因为重量是对作用在你身上的引力的衡量，其单位是牛顿。

重量（牛顿）＝ 质量（千克）× 重力加速度（米／秒²）

在**地球**上，重力加速度是 9.8 米／秒²。

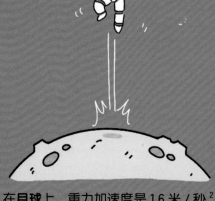

在**月球**上，重力加速度是 1.6 米／秒²，这意味着你在月球上的重量大约是在地球上重量的 1/6。

逃逸速度

逃逸速度是指物体完全摆脱天体引力束缚，飞往星际空间所需的速度。比如，火箭（甚至是一个非常快的足球）必须以 11.2 千米 / 秒的速度飞行，才能离开地球。

黑洞

宇宙中质量最大的物质是黑洞。著名科学家爱因斯坦认为，如果一个物体的质量足够大，那么其引力就会强大到连光都无法从中逃脱。也就是说，黑洞的逃逸速度超过了光速。

尼古拉·哥白尼
（1473—1543）

16 世纪初，人们仍坚信地球是万物的中心。直到有一天，波兰天文学家哥白尼观察到了金星、水星、火星、木星和土星的运动。他发现，这些行星实际上是围绕太阳旋转的。他提出的"日心说"在当时并不受欢迎，却更正了人类的宇宙观，成为我们今天研究行星运动的基础。

太阳系

像太空中的许多天体一样，太阳也是在 46 亿年前从浓密的气体和尘埃云中诞生的。接着，太空岩石在太阳引力的作用下发生碰撞，并聚集在一起形成大大小小的行星。这段动荡时期的小遗留物最终变成了卫星、小行星和矮行星等，散落在太阳系中。

太阳

地球
我们的地球是宇宙中已知唯一有生命存在的星球。

火星
火星拥有红色的表面，又称"红色星球"，但它有蓝色的落日。

水星
水星是距离太阳最近的行星，也是最小的一颗，只比月球略大。

金星
尽管金星离太阳更远，但稠密、有毒的大气层使它比水星更热。

岩质行星

4 颗岩质行星离太阳最近。它们由岩石和金属构成，有坚硬的表面。像地球一样，每颗岩质行星都分为几层：最内层是一个金属内核，往外是被称为"地幔"的硅酸盐岩石层，最外层是地壳，也就是我们可以看到的那一层。

你知道吗？

人类的航天器已经到访了太阳系的每一颗行星。

小行星带
这是一条由古老的太空碎石组成的带状区域。这些碎石之间的空间大到足以让航天器在其间穿行。

你的外星年龄

地球围绕太阳旋转一圈大约需要365 天，即一个地球年。其他行星也绕着太阳公转，只不过周期各不相同，因此不同行星上一年的长度也不同。那么，你在其他星球上会是多少岁呢？

$$\text{你的外星年龄} = \frac{\text{你的年龄} \times 365}{\text{行星公转周期}}$$

水星年	88 个地球日
金星年	225 个地球日
地球年	365 个地球日
火星年	687 个地球日
木星年	4333 个地球日
土星年	10759 个地球日
天王星年	30687 个地球日
海王星年	60190 个地球日

你知道吗？

冥王星一度被视作行星，直到2006 年才被国际天文学联合会重新划为矮行星。除了谷神星外，太阳系内的其他矮行星都位于柯伊伯带。柯伊伯带位于太阳系的尽头，在海王星的外侧。

土星
著名的土星环由冰、岩石和尘埃组成，成千上万个环环环相套，每个环平均厚度只有约 10 米。

天王星
在太阳系中，只有天王星是侧躺着旋转的，其他行星都围绕着竖直的轴自转。

海王星
海王星拥有太阳系最强烈的风，其风速可达 1900千米 / 时。

木星
作为太阳系中最大的行星，木星的体积是地球的1300 多倍！

气态巨行星

小行星带的另一边是 4 颗气态巨行星，它们由冰和气体构成。这些大质量行星的核心是由氢气和氦气等气体一层层包裹着的，也就是说，它们没有坚实的固体表面。

太阳

作为太阳系的主恒星，太阳给我们带来了太多好处！如果没有太阳，地球将变成一块冰雪覆盖的岩石，人类将不复存在。太阳主要由氢和氦两种元素组成，与地球的平均距离约为 1.5 亿千米。它的中心部分极热，可以达到惊人的 1500 万摄氏度。它的表面有时会发生大规模的爆炸，这些爆炸产生的巨大能量足以使被称为"等离子体"的带电粒子摆脱太阳的引力飞向太空，形成太阳风。

太阳内部

太阳分为若干层，从内到外 4 个关键层（区）依次是核心区、辐射区、对流区和日冕，每一层（区）的活动都不相同。

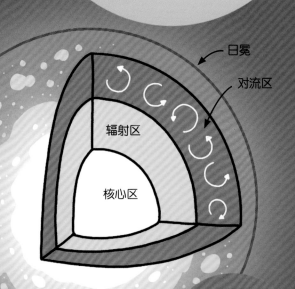

日冕

对流区

辐射区

核心区

警告

千万不要直视太阳！

核聚变

在太阳的中心，多个氢原子核聚在一起变为氦原子核的过程叫作"核聚变"。科学家们正试图在地球上重现这一过程，以创造几乎无穷无尽的电能。然而，在实验室中建造一个高温高压的"微型恒星"并非易事。

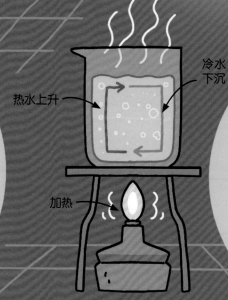

冷水下沉

热水上升

加热

对流

当我们加热一杯水时，热水上升到表面，冷水则下沉到底部，形成对流。同样的过程也发生在太阳的对流区：较热的等离子体携带能量从核心上升到表面，较冷的等离子体则下沉到核心。等离子体的这种运动能够产生电流和强磁场。

太阳如何
影响地球？

洋流
当经过太阳照射的温暖海水往其他区域流动时，就会有较冷的海水涌入替代它，形成洋流。

极光
太阳风一旦进入地球的磁场，就会在极地上空产生五颜六色的、跳动的光芒，这就是极光。

光合作用
植物将太阳能转化为化学能，并释放出氧气，这些化学能和氧气又被人类和其他动物摄入。

帕克太阳探测器
位于太阳大气最外层的日冕比太阳表面还要热。美国国家航空航天局发射了帕克太阳探测器，它飞入日冕观测太阳，成为有史以来最接近太阳的飞行器。

塞西莉亚·佩恩－加波施金
（1900—1979）

英国天文学家塞西莉亚·佩恩－加波施金极具开创性地将物理学理论应用于太空，找出了恒星温度与恒星光谱之间的关系，并提出恒星主要由氢和氦组成。1925年，她将这一发现写进了关于恒星大气的博士论文中。1956年，佩恩－加波施金成为美国哈佛大学历史上第一位女教授。

15

太空岩石

古老的岩石就像一个时间胶囊，读懂它，我们就能够知道地球在几百万、几千万甚至数亿年前的样子：温度如何、磁场强度怎样……研究岩石的科学是地质学。多亏了地质学，我们才能推断出地球的年龄大约是 46 亿年。太阳系中还有诸多谜团待我们解开，答案会不会就隐藏在太空岩石中呢？

火山

在地球上，火山是板块运动，也就是地球表面的巨大岩石漂浮移动、相互挤压的产物。

尘埃云

星际空间中漂浮着许多细小的尘埃颗粒，当它们聚集在一起时就形成了尘埃云。尘埃云和岩石颗粒在恒星的引力下聚拢成岩块，最终演化形成行星。

陨击坑

陨星撞击地球时，会在地表留下凹坑。受地质作用的影响，地球的大多数陨击坑都被抹去了痕迹。

地球

地球是一颗岩质行星，研究地球有助于我们弄清太阳系内的其他岩质行星和小行星的奥秘。

运动的岩石

岩屑和尘埃可以被风暴、冰和水等自然力搬到他处，这就是搬运作用。

地球的卫星
月球

月壤

美国"阿波罗"号宇航员、俄罗斯的月球探测器都曾带回月壤，中国"嫦娥五号"探测器也于 2020 年带回了月壤。

环形山

月球上有许多环形山，这说明过去它可能经常被太空岩石击中。

谷神星

直径约为 945 千米，是太阳系中唯一位于小行星带的矮行星。

月海

我们在地球上遥望月球时，看到的暗色斑块叫"月海"，它们是早期火山爆发留下的痕迹。

火星

目前，科学家们正在研发将火星的岩石样本送回地球的新技术。行星地质学家将研究这些样本，从而确定火星上是否有过生命。

伽利略·伽利莱（1564—1642）

意大利天文学家伽利略发明了一种强大的望远镜，成为观察到土星环、木星卫星和金星的不同相位的第一人。他通过天文观测证实了哥白尼的日心说，即地球并不是宇宙的中心，太阳才是宇宙的中心。由于这一发现违背了当时教会的信仰，伽利略被判有罪，在软禁中度过了他的后半生。

月球

月球是离我们最近的邻居，在距离地球平均约380000千米处绕地球运动。月球是如何形成的？这个问题困扰了天文学家多年。目前学界普遍认为45亿年前，一颗小型岩质行星与地球相撞，碰撞产生的碎片聚集在地球外围，最终形成了月球。天文爱好者不需要借助望远镜就能看到月球表面的历史刻痕：较深的暗色斑块叫"月海"，是远古火山活动的遗迹；而较浅的斑块则是小行星和彗星撞击产生的。

潮汐力

在月球引力的作用下，地球的海水会向月球方向凸起；同时，地球另一侧的海水受月球引力作用小，离心力变大，也出现隆起。由于地球在自转，因此我们一天内能看到两次涨潮。

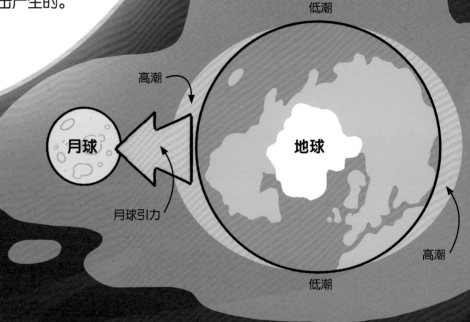

低潮

高潮

月球

地球

月球引力

高潮

低潮

月相

虽然月球自诞生起就围绕着地球运动，但我们只能看到它的一面，这是因为它的自转周期与公转周期差不多。而月相之所以看起来在不断变化，是因为月球每晚被太阳照亮的区域不同。

北半球月相

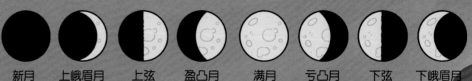

| 新月 | 上峨眉月 | 上弦 | 盈凸月 | 满月 | 亏凸月 | 下弦 | 下峨眉月 |

南半球月相

| 新月 | 上峨眉月 | 上弦 | 盈凸月 | 满月 | 亏凸月 | 下弦 | 下峨眉月 |

未来探月任务

中国目前正在探索月球的背面，即我们看不到的那一面。"嫦娥六号"探测器计划在月球南极收集样本，"嫦娥七号"将对月球的水分布进行探测，这些考察可能有助于揭秘月球的形成过程。美国国家航空航天局计划在未来十年内将首位女性和首位有色人种宇航员送上月球，而欧洲空间局计划在月球上建造一个村庄，以取代"国际"空间站。

月球漫步

迄今为止，共有 12 人登上过月球。1969 年 7 月，美国宇航员尼尔·阿姆斯特朗和巴兹·奥尔德林乘坐"阿波罗 11 号"登陆月球，成为首批登上月球的人。因为月球上没有风或液态水的侵蚀，我们至今仍然可以看到他们留下的脚印。自 1972 年以来，人类再没登陆月球。如果美国国家航空航天局的"阿尔忒弥斯"计划顺利进行，新的脚印将会产生，但最快也得等到 2025 年了。

19

彗星和小行星

小行星是太阳系形成过程中遗留下来的大型岩石，大部分位于火星和木星之间的小行星带，直径从 10 米到 1000 千米不等。研究小行星能帮助我们了解太阳系的起源和演化。不同于小行星，彗星主要由冰和尘埃组成，它们大多形成于寒冷偏远的太阳系边缘。

彗星

彗星是由冰、冷冻气体、尘埃和岩石等组成的大型"脏雪球"。它们靠近太阳时，在太阳辐射的作用下温度升高，某些物质升华，于是拥有了一个发光的头部和标志性的尾巴。

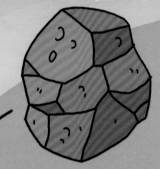

小行星：一种主要存在于小行星带的天体。

名字里的学问

如何命名一块太空岩石，取决于岩石在宇宙中的位置。

流星体：从小行星或彗星上分裂出的小块岩石。

流星：流星体进入地球的大气层时不断摩擦，产生的光迹就叫"流星"。

陨石：流星体穿越地球大气层后"幸存"下来的、撞击到地球的部分被称为"陨石"。

威廉·赫歇尔（1738—1822）
卡罗琳·赫歇尔（1750—1848）

威廉·赫歇尔出生在德国，于1757年移居英国，成为一名音乐家。随后，他的妹妹卡罗琳也跟随他到了英国。他们两人都对天文学抱有极大兴趣。威廉发现了天王星，并探测到了太阳的红外辐射，是恒星天文学的创始人。卡罗琳发现了8颗彗星、1个星系和3个星云，并且是有史以来第一位职业女性天文学家。威廉和卡罗琳一起发现了约2400个天体。

流星雨

流星雨是指大量流星一起出现，在夜空中留下耀眼的光迹的现象。有些流星雨一年只有一次，如北半球每年8月的英仙座流星雨和南半球每年5月的宝瓶座流星雨。千万不要错过哦！

绕彗星飞行

2004年，欧洲空间局发射的"罗塞塔"号是有史以来第一个绕彗星飞行的航天器。在经历了10年的旅程之后，"罗塞塔"号终于抵达目标彗星。它绘制了彗星地图，并释放了一个名为"菲莱"的小型着陆器，该着陆器成功地降落在了彗星表面。

探索太阳系

太阳系中仍有很多未知的事物等待着我们探索。为此，美国国家航空航天局等科研机构花费数十年时间精心设计并实施了探测太阳系的任务。具有不同功能的航天器由此诞生：飞跃器能够在经过一个天体的时候收集数据；轨道器沿着一定轨道绕天体运转，多用于更换、修理空间站上的仪器设备；着陆器和巡视器则负责在天体表面移动和勘测。

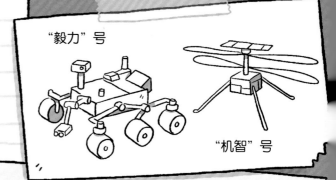

"毅力"号

"机智"号

探测任务

迄今为止，火星是唯一有巡视器登陆的行星。美国国家航空航天局的"好奇"号和"毅力"号火星车正在寻找这颗星球上的远古生命痕迹。搭载"毅力"号降落在火星表面的还有"机智"号直升机，人们可以从地球上"遥控"它执行任务。作为中国的第一个火星探测器，"天问一号"正在寻找小面积的水。阿联酋的"希望"号探测器将有望揭开火星大气之谜。

火星

火星大气稀薄，其地表条件可以用"寒冷的极地沙漠"来形容。它的土壤中含有铁矿，所以才呈现出红色。科学家们认为，火星在几十亿年前可能拥有更浓密的大气，以及液态水。

特征

· **水**：火星一度被河流、海洋和湖泊覆盖，然而目前唯一能证明火星曾存在液态水的是极地的冰冠。

· **峡谷**：水手号峡谷群沿着火星赤道连绵4000多千米，最深处约7千米。要知道，美国的科罗拉多大峡谷的平均深度仅为1.6千米。

· **火山**：火星上的奥林匹斯山是太阳系最大的火山，高约22千米，差不多是珠穆朗玛峰高度的2.5倍。

特征

· **旋转**：金星的自转方向与太阳系内其他行星相反。此外，金星的自转周期比公转周期久，这意味着金星上的一天比一年还要长！

· **大气层**：金星与地球一样，也有臭氧层，只不过它的臭氧浓度不高。

· **火山**：金星上至少有 1600 座火山，但科学家们不清楚它们是否仍处于活动期。

金星

金星的大气层主要由二氧化碳和淡黄色的硫酸云组成，它不仅有毒，而且厚重无比。金星表面温度也因此高达 480℃，到访的航天器只能停留几个小时。

探测任务

1962 年，"水手 2 号"探测器飞过金星，成为人类第一个成功接近其他行星的航天器。美国国家航空航天局计划在 2028~2030 年发射"达芬奇 +"号和"真理"号探测器，探索金星上可能存在的生命迹象。

航天器与引力弹弓

当一个航天器接近一颗行星时，行星的引力对它产生作用，使航天器轨道和速度发生变化，这种现象被称为"引力弹弓"。利用引力弹弓效应可以给航天器加速并节省燃料。

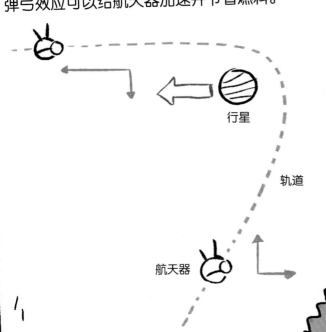

行星

轨道

航天器

木星

这颗气态巨行星于 2016 年接待了"朱诺"号探测器的造访。该航天器的任务是研究木星的引力场和磁场，解开木星形成之谜。中国计划在 2030 年前后向木星发射"天问四号"探测器。

太阳系之外

航天器一旦飞出太阳系，就进入了星际空间。然而以我们目前的技术，执行太阳系外的探测任务要花上几十到数百年的时间。因此，科学家们更多地是在地球上使用仪器观测，而不是发射航天器来考察太阳系以外的区域。有时候，我们可以等到星际天体来访，但受技术所限，我们目前观测到的星际"访客"寥寥无几。

星际天体

宇宙中存在一些不受任何恒星引力约束的小行星。2017年被发现的"奥陌陌"就是已知的第一个闯入太阳系的星际天体。它的形状酷似雪茄，科学家们认为它有数亿年的历史。

"旅行者"号

1977年发射的"旅行者"1号和2号是迄今为止飞得最远的航天器：1号为我们提供了有关木星的宝贵信息，2号则是首个飞掠天王星和海王星的探测器。2012年，"旅行者"1号飞出太阳系，成为第一个进入星际空间的人造物体。"旅行者"2号则于2018年进入星际空间。

史蒂芬·霍金（1942—2018）

史蒂芬·霍金出生于英国牛津，21岁那年，正在剑桥大学研究宇宙学的霍金被诊断出患有一种导致肌肉萎缩和神经退化的疾病，但这并没有阻止他成为一名伟大的物理学家和宇宙学家。大爆炸理论、黑洞辐射、奇性定理和黑洞面积定理……霍金利用数学模型揭示宇宙的运作方式，改变了我们对宇宙起源和演化的理解。他的宇宙学著作《时间简史》于1988年出版，成为全球最畅销的科普著作之一。

系外行星

太阳系以外的行星被称为"系外行星"。自20世纪90年代科学家们探测到第一颗系外行星以来，目前已有超过5000颗行星得到确认。距离我们最近的系外行星叫"比邻星b"，人类用最快的飞行器也要花6300年才能访问它。

宜居带

恒星周围的特定带状区被称为"宜居带"。处于这个区域内的行星表面温度冷热适中，且有液态水存在，适合生命出现和发展。在人类已经确认的5000多颗系外行星中，位于宜居带的约有50颗。

外星人

"人类在宇宙中是孤独的吗？"搜寻地外文明计划（SETI）一直致力于寻找这一古老问题的答案。该计划的科学家们正试图在其他恒星系中搜索智慧生物存在的证据。

黑洞

天文学家通过研究黑洞对附近恒星和气体的影响来探测黑洞的存在。他们认为，包括银河系在内的大型星系的中心都有一个黑洞。

仰望星空

宇宙中有许多星体。一些星体会发光，因此我们才能在夜空中看到亮晶晶的星星。与此同时，它们也会发出人眼无法看见的电磁波。科学家们将这些波按照波长连续排列起来，制成了电磁波谱。电磁波向各个方向传播的过程被称为"辐射"。

电磁波

电磁波在地球上大有用处：电话、电视和收音机使用的都是无线电波，X射线和伽马射线在医疗领域有重要的应用……此外，电磁波还能帮助天文学家研究天体，例如，X射线能用于黑洞的研究。

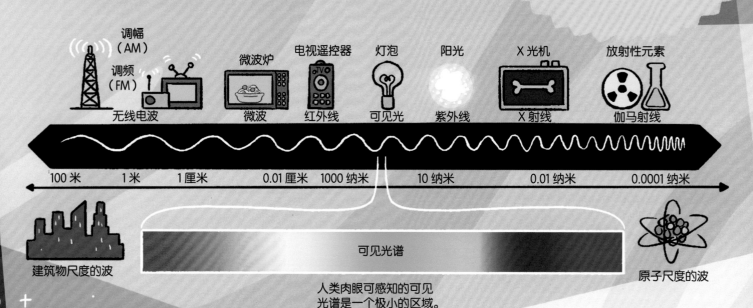

调幅（AM）调频（FM）无线电波	微波炉 微波	电视遥控器 红外线	灯泡 可见光	阳光 紫外线	X光机 X射线	放射性元素 伽马射线
100米	1米	1厘米	0.01厘米	1000纳米	10纳米	0.01纳米	0.0001纳米

建筑物尺度的波

可见光谱

人类肉眼可感知的可见光谱是一个极小的区域。

原子尺度的波

多普勒效应

你或许注意到了：当救护车靠近你时，它的警笛声听起来更尖锐，远离你后又变得更低沉。我们把这种因波源和观察者的相对运动而产生的波的频率的变化称为"多普勒效应"。根据这一理论，美国天文学家爱德文·哈勃得出了宇宙正在膨胀的结论。

望远镜和时间旅行

来自遥远星系的光必须穿越几十万亿千米才能到达地球，所以当我们用望远镜观察一个距离地球 5000 光年的星系时，实际看到的是它 5000 年前的样子。像不像进行了一场时间旅行？

引力透镜效应

远方天体发出的光经过一个大质量天体时，会在该天体巨大的引力场影响下发生弯折，导致观测者看到远方天体的多个像。这一效应被称作"引力透镜效应"，它可以帮助天文学家研究遥远的天体。

折射望远镜和反射望远镜
望远镜可用来探测宇宙中不同形式的辐射。有两类使用可见光的望远镜：

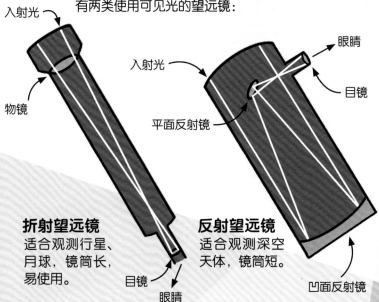

入射光

物镜

入射光

眼睛

目镜

平面反射镜

折射望远镜
适合观测行星、月球，镜筒长，易使用。

目镜

眼睛

反射望远镜
适合观测深空天体，镜筒短。

凹面反射镜

27

望远镜

关于望远镜，现存最早的记录可以追溯到 1608 年，当时荷兰的一位眼镜商人偶然发现用两块镜片可以看清远处的景物，然后制造出了人类历史上第一架望远镜。从那时起，望远镜变得越来越大，成像越来越清晰。从地面望远镜到空间望远镜，它们的发现不断刷新着我们对宇宙的认知。

地面望远镜

地面望远镜通常建在高山上，因为那里远离城市的光污染，并且大气层更稀薄，便于清楚地观测到遥远的星系。

美国

莫纳克亚天文台坐落在夏威夷一座休眠火山的山顶上，是第一个使用计算机控制望远镜的天文台。它拥有地球上从无线电到紫外线波段最清晰的影像品质。

英国

作为英国卓瑞尔河岸天文台的主要观测设施，洛弗尔望远镜没有被安放在高山上。这台大型射电望远镜将信号捕捉进"碗"里后，再将它们反射到收集波的焦点处。

中国

位于中国贵州省的 500 米口径球面射电望远镜（FAST，又名"天眼"），凭借直径 500 米的大"锅"，成为世界上最大的单口径射电望远镜。

印度

印度天文台（IAO）位于喜马拉雅山脉西部，海拔约 4500 米，是世界上最高的天文台之一。这里的观测仪器包括光学红外望远镜和伽马射线望远镜。

空间望远镜

从地面上很难看到较暗的天体，更何况地球的大气层会影响观测。将望远镜放置在太空中，就能够获得更清晰的天体图像。

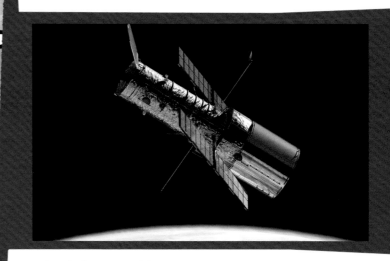

哈勃空间望远镜

1990 年发射的哈勃空间望远镜已经成为天文史上最重要的仪器。它不仅可以看到可见光，还可以观测紫外线和红外线波段，其发现改变了我们对宇宙的认知，催生了无数的科学理论。哈勃空间望远镜每 95 分钟绕地球一周，由于在近地轨道运行，因此方便维护修理。

詹姆斯·韦伯空间望远镜

2021 年 12 月发射的詹姆斯·韦伯空间望远镜的主镜面积是哈勃空间望远镜的 6 倍，但质量只有其一半。它可以折叠进火箭内部，发射后在太空中展开。它是一个红外线望远镜，能够透过尘埃云观测到宇宙中最古老的恒星。

29

遮住阳光

阳光洒在脸上，带给我们融融暖意，但必须当心：虽然太阳远在 1.5 亿千米之外，但它的辐射仍然会伤害我们。人类可以用防晒霜和遮阳伞保护自己，但太阳辐射不止针对人类，航天器也会受到影响。为了应对这一问题，科学家们花了数十年时间来研制能保护航天器的完美材料。这些材料的工作原理是什么呢？

热！热！热！

詹姆斯·韦伯空间望远镜的任务之一是寻找宇宙中最古老恒星的热信号。为此，它需要保持绝对低温才行。它有一个巨大、闪亮的遮光罩，由五层聚酰亚胺薄膜组成。这种材料在高温下不会熔化或燃烧，并且多层薄膜上的铝涂层能够有效拦截太阳的热量并将其反射到太空中。

多层薄膜拦截并反射阳光。

极少的热量进入望远镜。

阳光

你知道吗？

马拉松运动员完成比赛后，体温如果下降过快，就会危及生命！用特殊材料制成的太空毯可以留住他们身体的热量，达到保温的效果。

哈佛计算员

"哈佛计算员"是一群从 19 世纪 70 年代末到 20 世纪 20 年代中期在哈佛大学天文台处理天文资料的女性技术人员，她们对天文学的发展做出了巨大贡献。在未经任何正式培训的情况下，她们梳理了几十万张恒星光谱图片，给上千万颗恒星做了分类。在此过程中，她们发现了如何计算从地球到恒星的距离，她们提出的哈佛分类法沿用至今，成为恒星研究的基础。

太阳轨道飞行器

欧洲空间局与美国国家航空航天局联合研制的太阳轨道飞行器能够近距离观测太阳。它需要承受的辐射和热量是地球轨道飞行器的 13 倍。为了应对超高温的挑战，该飞行器的隔热罩表面被一种特殊的黑色涂层覆盖，下面是 18 层钛箔。

恒星罩

晴天戴上棒球帽，帽檐产生的阴影能够遮挡强光，使你看见物体。目前仍处于试验阶段的恒星罩将利用同样的原理，阻断遥远恒星的光线，以帮助天文学家观测恒星附近光线微弱的行星。

行星

"国际"空间站

"国际"空间站（ISS）作为国际联合建造的空间实验室，正以 7.66 千米 / 秒的速度在地球轨道上运行。其建造工作于 1998 年启动，至 2010 年基本完成并投入使用，为多个国家和组织的宇航员提供了生活和科学活动的空间。"国际"空间站上的科学实验既能加深我们对太空的了解，又对我们在地球上的科学研究有帮助。

绕地球旋转

"国际"空间站约每 90 分钟绕地球运行一周。它是夜空中第三亮的物体，因此肉眼可见。你可以在网上查到它的实时位置及经过你家上空的时间。

太阳能电池板

"国际"空间站上的太阳能电池板利用太阳的能量为空间站供电。它们总长 73 米，和世界上最大的客机长度差不多！

光污染

从"国际"空间站上看，地球上城市的灯光可能比恒星还要璀璨，这种"人工白昼"是很大的光污染，严重影响了鸟类迁徙、植物花期等。宇航员正在与科学家合作，共同监测光污染并寻求解决办法。

自然灾害响应

在自然灾害发生后，"国际"空间站可以及时向地面报告受灾地区的电力恢复情况。空间站配置的太空闪电成像仪则可以提高我们对灾害天气的预报水平。

太空行走

如果空间站舱外的组件需要修理，宇航员就必须冒险出舱进行"太空行走"。空间站的外部有伸出的机械臂，可以帮助宇航员移动。

水净化

在"国际"空间站，93%的废水、尿液等都会被净化再利用。同样的水净化装置已经应用到了地球上的一些社区。

出入空间站

节点舱能够帮助携带物资的航天器和空间站对接。此外，宇航员还可以通过节点舱进入气闸舱，从而走出空间站。

太空生活

"国际"空间站有6个睡眠区、2个浴室和1个健身房，可一次性容纳7名宇航员。它带有一组舱窗，拥有360度观赏地球的绝佳视野。

种植蔬菜

"国际"空间站有自己的温室。宇航员在里面种植蔬菜，以满足未来远距离飞行中对新鲜食物的需求。

33

宇航员

"宇航员"的英语单词"astronaut"是从希腊语中的"星星"和"水手"两个词演化来的。许多人梦想成为宇航员，却忽略了这份工作的不易。首先，宇航员在升空之前需要接受长达数年的集训，以做好应对各种突发状况的准备。此外，由于太空环境与地球环境十分不同，宇航员需要在升空时携带所有的生存必备物品，并穿上特制的宇航服。

你知道吗？

美国国家航空航天局为宇航员设计了更通风、更有弹性的宇航靴，而体育用品公司将这种设计用在了跑鞋中。

宇航头盔上配有**摄像机**和**照明灯**，可以拍摄视频并传送回地球。

宇航**头盔**与宇航员的通风设备相连，对宇航员的呼吸至关重要。头盔的面罩可以保护宇航员的眼睛免受太阳辐射和太空尘埃的影响。

生命保障系统的外形酷似背包，其中包含宇航员可能需要的一切：风扇、用于降温的水箱、二氧化碳清除系统、电源，以及一个双向无线电通信设备！

上躯干部分由玻璃纤维制成，类似于某些汽车的部件材料，十分坚固。该部分将防护服与生命保障系统连接起来。

含有加热元件的**手套**可以避免宇航员的手指在太空中冻僵，从而保证他们在空间站外使用工具时手指的灵活度。

现代宇航服的下躯干部分更加灵活，宇航员再也不需要像"阿波罗"号宇航员那样跳来跳去出舱活动了。另外，不同颜色的条纹可以用来分辨宇航员。

太空生活

太空生活与地球上的生活大不相同。除了食物形式和用餐方式的区别外，宇航员还要用特殊的器械坚持健身，努力在遥远的太空中维持健康。

进食： 太空食品通常在脱水后被保存在密封袋中，以防变质。宇航员只需在食用前对食品进行注水和加热即可。由于失重，食物不会从叉子或勺子上掉下来，因此宇航员可以用各种姿势吃东西，甚至是倒立着吃！

在地球上

在太空中

健身： 失重尽管看起来很有趣，却会对人体健康造成影响。在太空中，心脏不再需要像在地球上那样努力地将血液输送到全身，所以会逐渐萎缩；同理，骨骼也会因失重变得脆弱。为了维持健康，宇航员每天都要把自己绑在运动器械上进行锻炼。

洗澡： "国际"空间站的大部分水都回收自宇航员呼出的气体、排出的汗水和尿液。宇航员在洗头时只能使用少量的水和免冲洗洗发液，以防止失重环境下水滴飘入设备造成破坏。

睡觉： 睡眠对每个人都很重要，当然也包括宇航员。太空中没有传统意义的床，宇航员需要通过睡袋将自己固定在睡眠舱的舱壁上，以防止自己在睡眠中飘来飘去撞到东西。

人造卫星

卫星是按一定轨道围绕行星运行的物体，包括天然卫星和人造卫星。例如，月球是地球的天然卫星。像月球一样，人造卫星以一定的速度在一定的高度绕地球运行，如无意外，它们会严格按照轨道飞行，而不会飞到其他地方。我们每天都在使用人造卫星通信、导航或监测我们的世界。

卫星轨道

如今，约有 7000 颗人造卫星绕地球运行。**极地轨道卫星**通过地球的南北极上空，在 24 小时内环绕整个地球两圈。**地球静止轨道卫星**距离地面更远，它们的运行周期与地球的自转周期相同，所以在地面上的人看来，它们总是保持在相同的地点上空。

极地轨道

高轨道
35786 千米以上

中轨道
2001~35786 千米

低轨道
160~2000 千米

地球静止
轨道

太空垃圾

据估计，自 1957 年第一颗人造卫星升空以来，大约有 9000 颗人造卫星被发射升空。报废的卫星和航天器，以及火箭的残骸积累成太空垃圾，危及运行中的设备甚至宇航员的生命。科学家们正在寻找清理太空的创新办法。

工作原理

简单来说，电池或太阳能电池板给卫星提供能源，卫星上的天线可以向地球发射或从地球接收无线电波，从而完成各种工作。电视转播中心就是利用这种方式向世界各地发送节目的。

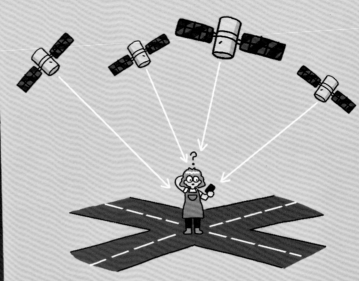

卫星定位

卫星定位至少需要 4 颗卫星。它们向地球发送的信号最终由你的手机或汽车导航系统接收，这些接收器根据每个信号从发出到抵达所需的时间和距离，计算出你所在的位置，这就是GPS——全球定位系统的工作原理。

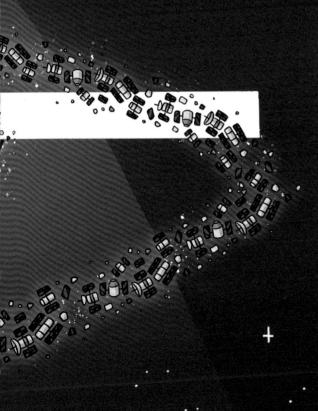

气象卫星

科学家们还可以使用卫星来观测气候变化。由于飞行在一定高度上，气象卫星可以监测大面积的区域，以及我们从地面难以观察到的变化，包括风暴的形成、冰川的融化和珊瑚礁的消失等。

火箭发射

没有火箭，人类就不可能执行太空任务。成功发射一枚火箭意味着要做到以下几点：让火箭升空、克服地球引力、让火箭在预定路线上行进。尽管随着科技的进步，火箭的设计发生了很大的变化，但火箭升空背后的工作原理一直没变。

工作原理

火箭的工作原理和烟花类似。按照能源形态，火箭主要分为两类：一类使用液体推进剂，另一类使用固体推进剂。推进剂由燃料和氧化剂构成，它们燃烧产生的气体在巨大的压力下高速喷出，对火箭产生了一个同等大小的反作用力，这个力推动火箭呼啸着冲向高空。

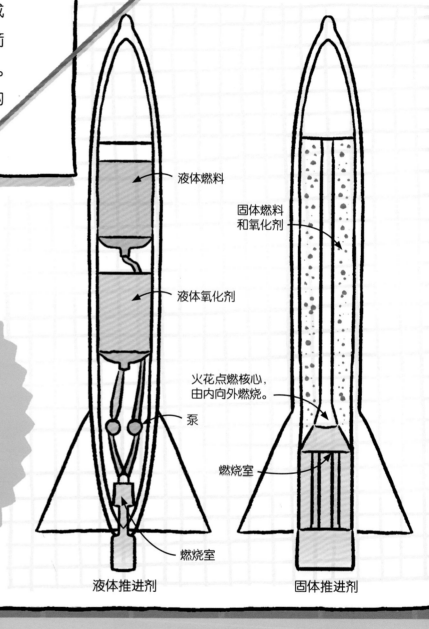

液体燃料

液体氧化剂

固体燃料和氧化剂

火花点燃核心，由内向外燃烧。

泵

燃烧室

燃烧室

液体推进剂

固体推进剂

太空竞赛

冷战时期，美国和苏联争相发展航天技术，开启了太空竞赛。

1957 年 10 月 4 日 苏联发射了第一颗人造卫星——"斯普特尼克 1 号"。

1957 年 11 月 3 日 苏联发射了"斯普特尼克 2 号"，并将小狗莱卡送入轨道。

1958 年 1 月 31 日 美国的第一颗卫星——"探险者 1 号"进入太空。

1960 年 8 月 19 日 苏联发射了"斯普特尼克 5 号"飞船，上面搭载了两只狗和一些植物。飞船次日从太空安全返回。

1961 年 1 月 31 日 美国将黑猩猩哈姆送进太空，它后来安全返回地球。

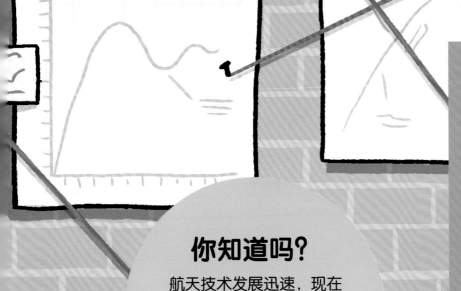

你知道吗？

航天技术发展迅速，现在就连普通人都可以进入太空旅行了。在未来的某一天，我们说不定都可以去月球上度假呢！

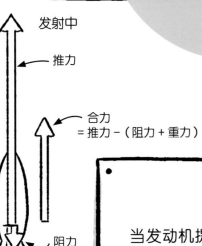

发射中

推力

合力
= 推力 –（阻力 + 重力）

阻力

重力

平衡法则

当发动机提供的向上的推力大于向下的阻力和重力之和时，火箭就能腾空。因此，每一次任务都必须仔细配置火箭所携带的货物和燃料。每多一千克的货物都需要更多的燃料，但更多的燃料又会使火箭更重、更难发射。

梅·杰米森
（1956 年一 ）

梅·杰米森是前美国国家航空航天局宇航员，也是一名工程师、医生。她在 16 岁时被斯坦福大学录取，获得化学工程学位后，又进入康奈尔大学深造，毕业后成为一名医生。1987 年，她从 2000 名申请人中脱颖而出，成为美国国家航空航天局的 15 名预备宇航员之一。1992 年，杰米森乘坐"奋进"号航天飞机升空，成为第一个进入太空的黑人女性。

1961 年 4 月 12 日
苏联宇航员尤里·加加林乘坐"东方 1 号"飞船升空，成为第一个进入太空的人类。

1961 年 5 月 5 日
艾伦·谢泼德进行了第一次载人航天旅行，成为第一个进入太空的美国人。

1963 年 6 月 16 日
苏联宇航员瓦莲京娜·捷列什科娃成为第一个进入太空的女性。

1965 年 3 月 18 日
苏联宇航员阿列克谢·列昂诺夫完成了第一次太空行走。

1968 年 12 月 21 日
美国航天器"阿波罗 8 号"升空，完成首次载人绕月飞行后返回地球。

1969 年 7 月 20 日
美国"阿波罗 11 号"宇宙飞船载着尼尔·阿姆斯特朗和巴兹·奥尔德林着陆月球。

火箭回收

火箭无疑是出色的发明，但它通常只能使用一次，而且造价高昂。幸运的是，科学家们一直在努力改进技术，并且发明出了可以返回地球、重复使用的火箭。这样的设计不仅省钱，还能减少我们遗留在太空中的垃圾。那么，这种可重复使用的火箭是如何工作的呢？

蓝色起源

蓝色起源（Blue Origin）是亚马逊创始人杰夫·贝索斯旗下的商业航空公司。该公司发明的火箭顶部有一个太空舱，能与火箭主体分离。火箭主体返回着陆的同时，太空舱自由飞行，完成任务后使用降落伞返回地球。

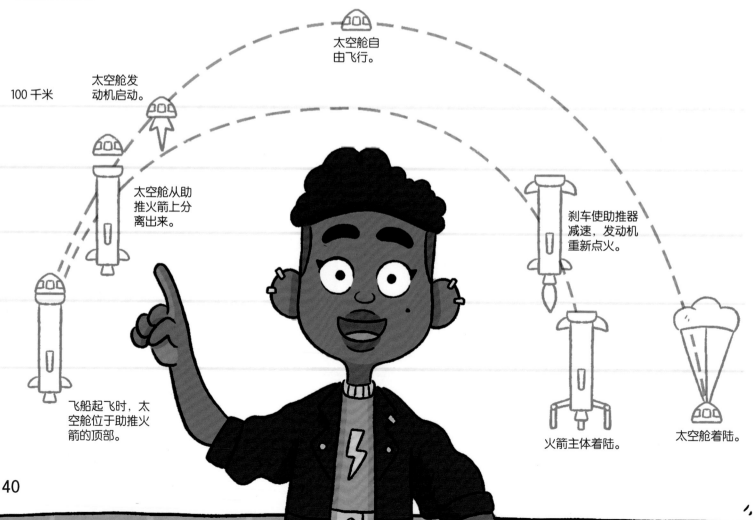

太空舱自由飞行。

100 千米

太空舱发动机启动。

太空舱从助推火箭上分离出来。

飞船起飞时，太空舱位于助推火箭的顶部。

刹车使助推器减速，发动机重新点火。

火箭主体着陆。

太空舱着陆。

SpaceX

与蓝色起源公司的火箭相比，由特斯拉创始人埃隆·马斯克创建的 SpaceX 公司研制的"猎鹰 9 号"火箭适合进行更远的太空旅行。一级火箭最终会返回陆地，二级火箭则将有效载荷送达目标轨道，与之分离后返回大气层中销毁。

发动机熄火，有效载荷与二级火箭分离。

二级火箭的发动机被点燃，继续运送有效载荷。

推进器使一级火箭转向。

一级火箭落回地球。

发动机熄火，一级火箭和二级火箭分离。

发动机重新点火，一级火箭减缓下降。

一级火箭的发动机被点燃，产生的推力使火箭腾空。

着陆腿展开，一级火箭垂直着陆。

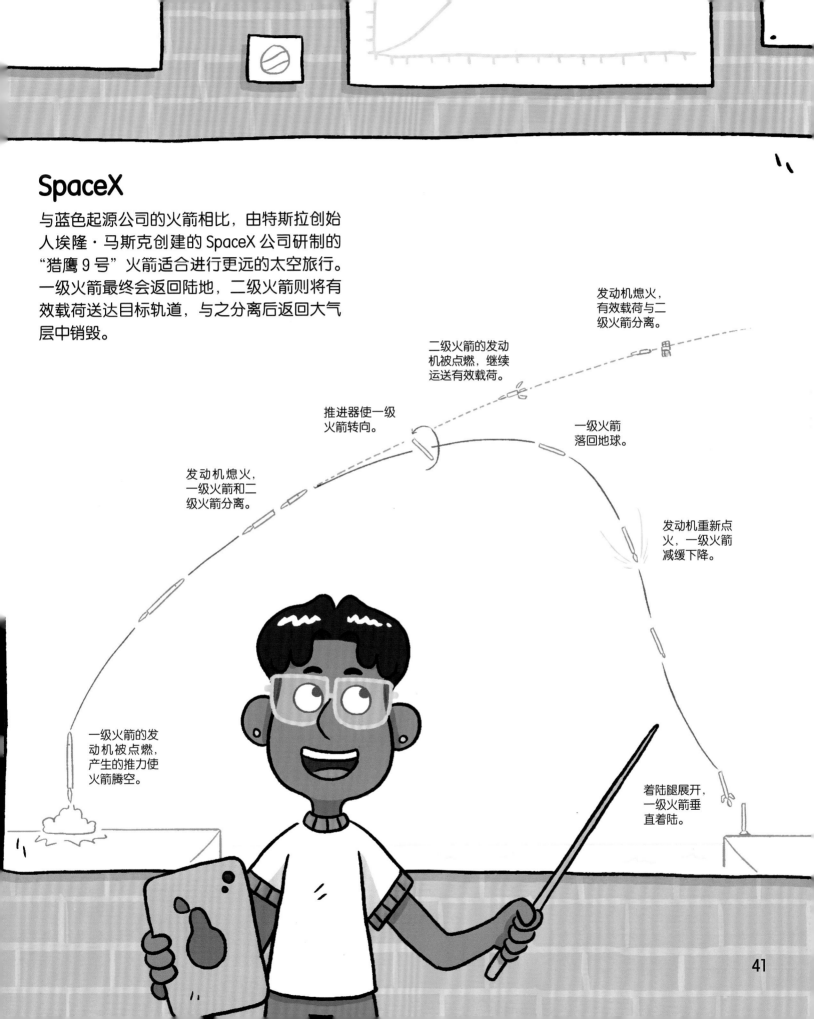

茶包火箭

这是一只鸟，一架飞机，还是一个茶包? 自己造"火箭"并不难，你只需要一些厨房用品，就能立刻一飞冲天了。

动动手吧!

你需要用到:
· 一个茶包
· 一把剪刀
· 一个点火器或一根长火柴
· 一个陶瓷盘子

警告
一定要有成人陪同!

实验步骤:

1. 把茶包的顶端剪开，去掉订书钉或线绳，把茶叶倒掉。

2. 找一个安全开阔的地方。把茶包打开捏成筒状，竖直摆放在陶瓷盘子上。

3. 在成人的帮助下点燃茶包顶端。

4. 起飞!

科学原理

茶包被点燃后，茶包上方的空气受热膨胀上升，周围的冷空气迅速补充过来，形成对流。对流产生的力使茶包从盘子上飞了起来。

抗重力巧克力

重力真了不起！它能阻止我们（和我们的巧克力）飘浮到空中。但是巧克力其实可以在空中飘浮一会儿，这个实验将告诉你怎么做到这一点。这可不是魔术，而是物理！

动动手吧！

你需要用到：
· 麦芽脆心巧克力球
· 一个上窄下宽的玻璃杯，如葡萄酒杯

实验步骤：

1. 把巧克力球放在桌子上，用玻璃杯盖住。

2. 贴着桌面快速旋转玻璃杯，能看到巧克力球沿着杯壁上升。

3. 将玻璃杯提离桌面并保持旋转，你会看到巧克力球仍然待在杯子里。

科学原理

转动的巧克力球在离心力的作用下贴在杯壁上，玻璃杯的曲面对它施加了一个斜向上的反作用力，短暂地帮它"对抗"了向下的重力。

声音真空

你在太空中不可能听到铃声，因为那里是真空。但是，要跑到宇宙证明这一点可就太远了，不如在自己家中创造真空吧？

动动手吧！

你需要用到：
· 小铃铛
· 扭扭棒
· 抽气泵和真空塞
· 干净的红酒瓶

实验步骤：

1. 把扭扭棒的一端系在小铃铛上，另一端系在真空塞上。

2. 把小铃铛放进红酒瓶里，盖上真空塞，注意不要让小铃铛碰到瓶壁。现在，轻轻摇晃，你能听到"铛铛"声吗？

3. 用抽气泵尽可能地抽出红酒瓶里的所有空气。然后再晃动小铃铛，会发生什么？

科学原理

声音的传播需要介质。当把红酒瓶里的空气抽空时，声音就不能传播了，就跟在太空中一样。

注：绝对真空是一种理论状态，现实中不存在，因此抽出红酒瓶里的空气后仍能听到微弱的铃声。

观星

抬头看！不是只有乘坐宇宙飞船才能探索太空的奇妙。只要走出家门，你就能看到行星、恒星甚至星系。拿出手机，一起来拍摄星空吧！

动动手吧！

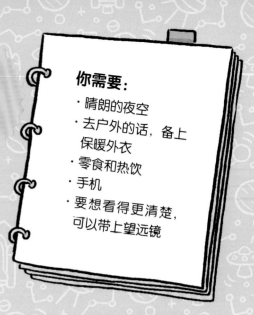

你需要：
· 晴朗的夜空
· 去户外的话，备上保暖外衣
· 零食和热饮
· 手机
· 要想看得更清楚，可以带上望远镜

实验步骤：
· 远离所有光源，让眼睛适应黑暗。
· 关掉手机蓝光，打开夜间模式。
· 将手机摄像头对准望远镜。

冷海
柏拉图环形山
雨海
澄海
哥白尼环形山
危海
开普勒环形山
静海
斯蒂文环形山
风暴洋
第谷环形山

月球正面

看到了什么？

· 你能看到卫星吗？就是那些缓慢匀速移动的小光点。
· 你能看到哪些星座？
· 月相是什么样的？
· 你能看到月球的哪些地貌？左侧图片上标出了一些名词。

术语表

真空

不存在空气或只有极少空气的空间。

星系

由几亿颗到上万亿颗恒星及星际物质组成的巨大天体系统。

恒星

能自己发光、发热的天体。

行星

绕太阳运动的、质量足够大的圆球状天体，能通过引力清空轨道附近的其他天体。

黑洞

广义相对论预言的一种天体，它的引力极其强大，以至于连光都无法逃脱。

宇宙背景辐射

宇宙大爆炸遗留下来的一种充满整个宇宙的电磁波辐射。

光年

用于计量天体距离的单位，一光年即光在真空中一年内所走过的距离，约等于 94607 亿千米。

元素

具有相同质子数的一类原子的总称。

小行星

绕太阳运动的一种小天体，大多分布在火星与木星轨道之间，通常被认为是太阳系形成时遗留下来的大型太空岩石。

矮行星

绕太阳运动的、体积介于行星和小行星之间的天体，不是一颗卫星，也不能清空轨道附近的区域。如冥王星、谷神星等。

太阳风

日冕因高温膨胀不断抛射到行星际空间的等离子体流。

感谢如下素材的授权使用
上 =t，下 =b，中心 =c，左 =l，右 =r

5t Planck Collaboration/European Space Agency/Science Photo Library, 5b Volker Sringel/Max Planck Institute for Astrophysics/Science Photo Library; 27r ESA/Hubble/NASA/Science Photo Library; 8tl NASA Images; 16l NASA Goddard Space Flight Center/Science Photo Library, 16c David Parker/Science Photo Library, 16ct Portra/iStock Images, 16br petesphotography/iStock Images; 17tl Just_Super/iStock Images, 17b NASA Images, 17tc NASA Images, 17r Gwengoat/iStock Images; 19bl NASA Images; 22bl NASA Images; 6tc and 6br NASA Images, 6bl European Southern Observatory/Science Photo Library; 7bl , 7br and 7cr NASA Images; 33 all NASA Images; 28bl Bob London / Alamy Stock Photo, 28br tonystamp11/iStock Images; 29tr and 29br NASA Images, 29tl Imaginechina Limited / Alamy Stock Photo, 29br beibaoke / Alamy Stock Photo; 37br Elen11/iStock Images; 31c NASA/Science Photo Library; 45b Onfokus/iStock Images.

日冕

太阳大气的最外层，其温度是太阳表面温度的数百倍。

环形山

月球表面的撞击坑，与地球上的火山口地形很相似。大多数环形山以著名天文学家或其他学者的名字命名。

彗星

由冰、冷冻气体、尘埃和岩石等构成，当彗星从太阳系寒冷的边缘地带飞近太阳时，总是拖着一条发光的气体尾巴。

流星体

从小行星或彗星上脱落的一小块太空岩石。它进入地球大气层时被加热汽化，产生的光迹就是流星，降落到地球上的残留部分则是陨石。

引力弹弓

当一个航天器靠近一颗行星时，行星的引力使航天器的轨道和速度发生改变的现象。如果航天器的飞行轨道设计得当，就能把行星当作助推器，在不消耗额外燃料的情况下实现加速。

宇宙学

研究宇宙的结构、起源和演化的天文学分支学科。

气闸舱

一个用于连接不同气压区域（如连接"国际"空间站和外部空间）的小舱室。

苏联

20世纪时横跨欧洲和亚洲的一个巨大国家，由俄罗斯和其他几个国家组成，现已解体。

GPS

美国建立的、以人造卫星为基础的全球定位系统，能提供三维位置、速度和精确定时等导航信息。

有效载荷

由航天器装载的、在宇宙空间某处完成特定任务的仪器、设备、人员、试验生物等。

作者和绘者

伊兹·克拉克

伊兹是一名科学记者、作家，也是屡获殊荣的播客制作人。她拥有物理学硕士学位和丰富的传媒工作经验，不仅为英国皇家天文学会制作了"超大规模播客"系列广播，还曾任英国知名科普广播节目——"科学直播"的主持人兼制作人。

詹姆斯·兰塞特

詹姆斯从小就痴迷于卡通、电子游戏和幻想，随着年龄增长，他的创作欲越来越强烈，于是他搬到了伦敦，在金斯顿大学学习插画和动画。毕业后，詹姆斯如愿以偿地成了一名畅销书插画师和动画导演。